刘薰宇 ◎ 著

数学
真有趣儿
2

生活中的数学

民主与建设出版社
·北京·

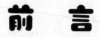

前　言

　　本书是著名的数学教育家刘薰宇，针对孩子们在学习中所需要掌握的数学知识，专门为孩子们编写的一套数学科普经典图书。本书内容丰富，作者用幽默风趣的文字和对数学的严谨态度，讲述了和差问题、差倍问题、和倍问题、工程问题、相遇问题、追及问题、时钟问题、年龄问题、工程问题、利润和折扣问题、流水问题、列车过桥问题、植树问题等典型数学应用题问题，以及系统地阐述了函数、连续函数、诱导函数、微分、积分和总集等概念及它们的运算法的基本原理，引导孩子了解数学，明白学习数学的意义，点燃孩子学习数学的热情。

　　此外，本书中搜集了许多经典的趣味数学题目，如鸡兔同笼、韩信点兵等，以及大量贴近日常生活的案例，作者通过大量图表，步骤详尽地讲述了如何通过作图来求解一些四则运算问题，既开拓了孩子的思维，又提升了数学学习能力！这样一来，看似枯燥的数学变得趣味十足，孩子能在轻松阅读的过程中，做到真正掌握数学，所以本书非常适合中小学生自主阅读。

在学习中，让孩子对学习充满热情远比强迫孩子去记住某一知识点更重要。为了更好地呈现刘薰宇先生原著的魅力，本书结合现今孩子的阅读习惯，进行了重新编绘。

首先，本书版式精美，形式活泼，加入了富有趣味性的插画，增加孩子阅读的兴趣；其次，我们在必要的地方，精心设计了"知识归纳""知识拓展""例题思考""小问题"等多个板块，引导孩子快速获取本节的重点；最后，本书的内容难易适度，与孩子在学习阶段的教学基本内容紧密相关，让孩子在快乐阅读中不仅能巩固数学知识，还能运用数学中的知识去解决生活中遇到的一些问题。

总之，本书的最终目的和宗旨就是为了让孩子能更轻松愉快地学好数学。

好了，不多说了，快来翻开这本书吧！让我们随着《数学真有趣儿》，开启充满乐趣的数学之旅吧！

目 录

"你们会猜谜吗？"马先生出乎意料地提出这么一个问题，大概是因为问题来得突兀的缘故，大家都默然。

"据说从前有个人出了个谜给人猜，那谜面是一个'日'字，猜杜诗一句，你们猜是什么句子？"说完，马先生便呆立着望向大家。

没有一个人回答。

1

"无边落木萧萧下。"马先生说，"怎样解释呢？这就说来话长了，中国在晋以后分成南北朝，南朝最初是宋，宋以后是萧道成所创的齐，齐以后是萧衍所创的梁，梁以后是陈霸先所创的陈。'萧萧下'就是说，两朝姓萧的皇帝之后，当然是'陈'。'陳'字去了左边是'東'字，'東'字去了'木'字便只剩'日'字了。这样一解释，这谜好像真不错，但是出谜的人可以'妙手偶得之'，猜的人却只好暗中摸索了。"

这虽然是一件有趣的故事，但我，也许不只我，始终不明白马先生在讲算学时突然提到它有什么用意，只得静静地等待他的讲解了。

"你们觉得我提出这故事有点儿不伦不类吗？其实，一般教科书上的习题，特别是四则应用问题一类，倘若没有例题，没有人讲解、指导，对于学习的人，也正和谜面一样，需要你自己去摸索。摸索本来不是正当办法，所以处理一个问题，必须有一定步骤。第一，要理解问题中所包含而没有提出的事实或算理的条件。

"比如这次要讲的年龄的关系的题目，大体可分两种，即每题

中或是说到两个以上的人的年龄，要求它们的或从属关系成立的时间，或是说到他们的年龄或从属关系而求得他们的年龄。

年龄问题

年龄问题，指与年龄有关的一些问题，解答时应注意以下两点。

1. 二人的年龄差不变。

2. 二人年龄之间的倍数关系会随着时间的变化而变化。

"但这类题目包含着两个事实以上的条件，题目上总归不会提到的：其一，两人年龄的差是从他们出生起就一定不变的；其二，每多一年或少一年，两人便各长一岁或小一岁。不懂得这个事实，这类的题目便难于摸索了。这正如上面所说的谜语，别人难于索解的原因，就在不曾把两个'萧'，看成萧道成和萧衍。话虽如此，毕竟算学不是猜谜，只要留意题上没有明确提出的，而事实上存在的条件，就不至于暗中摸索了。闲言表过，且提正文。"

一般来说，年龄问题与和倍、差倍、和差问题有着密切的联系。

　　当前，父年三十五岁，子年九岁，几年后父年是子年的三倍？

　　写好题目，马先生说："不管三七二十一，我们先把表示父和子的年岁的两条线画出来。在图上，横轴表示岁数，纵轴表示年数。父现在年三十五岁，以后每过一年增加一岁，用 *AB* 线表示。子现在年九岁，以后也是每过一年增加一岁，用 *CD* 线表示。

　　"过五年，父年几岁？子年几岁？"

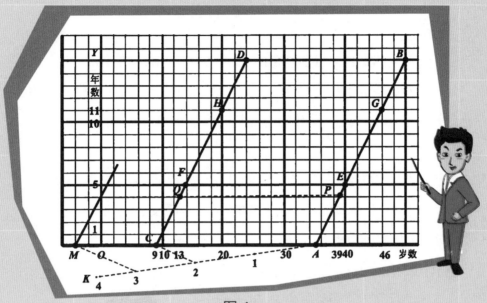

图1

"父年四十岁，子年十四岁。"这是谁都能回答上来的。

"过十一年呢？"

"父年四十六岁，子年二十岁。"还也是谁都能回答
上来的。

"怎样看出来的？"马先生问。

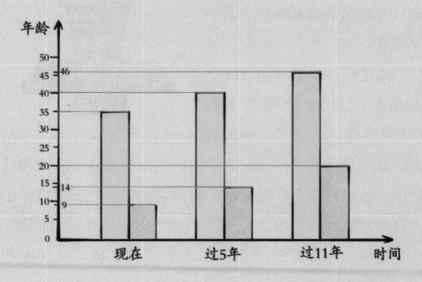

"从 *OY* 线上记有 5 的那点横看到 *AB* 线得 *E* 点，再往下看，就得四十，这是五年后父的年岁。又看到 *CD* 线得 *F* 点，再往下看得十四，就是五年后子的年岁。" 我回答。

　　"从 *OY* 线上记有 11 的那点横看到 *AB* 线得 *G* 点，再往下看，就得四十六，这是十一年后父的年岁。又看到 *CD* 线得 *H* 点，再往下看得二十，就是十一年后子的年岁。" 周学敏抢着，而且故意学着我的语调回答。

　　"对了！" 马先生高叫一句，突然愣住。

　　"5*E* 是 5*F* 的 3 倍吗？" 马先生问后，大家摇摇头。

　　"11*G* 是 11*H* 的 3 倍吗？" 仍是一阵摇头，不知为什么今天只有周学敏这般高兴，扯长了声音回答："不——是——"

　　"现在就是要找在 *OY* 上的哪一点到 *AB* 的距离是到 *CD* 的距离的 3 倍了。当然我们还是应当用画图的方法，不可硬用眼睛看。等分线段的方法，还记得吗？在讲除法的时候讲过的。" 王有道说了一段等分线段的方法。

　　接着，马先生说："先随意画一条线 *AK*，从 *A* 起在

上面取 $A1$，12，23 相等的三段。连 $C2$，过 3 作线平行于 $C2$，与 OA 交于 M。过 M 作线平行于 CD，与 OY 交于 4，

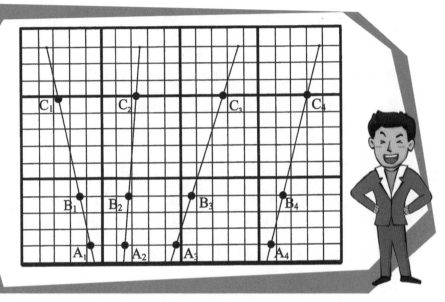

图 2

这就得了。"

四年后，父年三十九岁，子年十三岁，正是父年三倍于子年，而图上的 $4P$ 也恰好 3 倍于 $4Q$，真是奇妙！然而为什么这样画就行了，我却不太明白。

马先生好像知道我的心事一般："现在，我们应当考求这个画法的来源。"他随手在黑板上画出上图，要我们看了回答 B_1C_1、

B_2C_2、B_3C_3、B_4C_4，各对于 A_1B_1，A_2B_2，A_3B_3，A_4B_4 的倍数是否相等。当然，谁都可以看得出来这倍数都是 2。

大家回答了以后，马先生说："这就是说，一条线被平行线分成若干段，无论这条线怎样画，这些段数的倍数关系都是相同的。所以 $4P$ 对于 $4Q$，和 MA 对于 MC，也就和 $3A$ 对于 32 的倍数关系是一样的。"

这我就明白了。

"假如，题上问的是 6 倍，怎么画？"马先生问。

"在 AK 上取相等的 6 段，连 $C5$，画 $6M$ 平行于 $C5$。"王有道回答。这，现在我也明白了，因为 OY 到 AB 的距离，无论是 OY 到 CD 的距离的多少倍，但 OY 到 CD，总是这距离的一倍，因而总是将 AK 上的倒数第二点和 C 相连，而过末一点作线和它平行。

至于这题的算法，马先生叫我们据图加以探究，我们看出 CA 是父子年岁的差，和 QP、FE、HG 全一样。而当 $4P$ 是 $4Q$ 的 3 倍时，MA 也是 MC 的 3 倍，并且在这地方 $4Q$、MC 都是所求的若干年后的子年。因此得下面的算法：

```
（ 35 － 9 ）÷（ 3 － 1 ）－ 9 ＝ 4
   |     |        |    |       |    |
   OA    OC       A3   32      OC   MO(C4)
   |     |        |    |       |    |
（父年－子年）÷（倍数－1）－子年＝年数（所求）
```

8

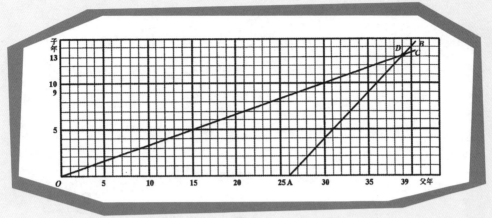

图 3

讨论完毕以后,马先生一句话不说,将图 3 画了出来,指定周学敏去解释。

我到有点儿幸灾乐祸的心情，因为他学过我的缘故，但事后一想，这实在无聊。他的算学虽不及王有道，这次却讲得很有条理，而且真是简单、明白。下面的一段，就是周学敏讲的，我一字没改记在这里以表忏悔！

别解

"父年三十五岁，子年九岁，他们相差二十六岁，就是这个人二十六岁时生这儿子，所以他二十六岁时，他的儿子是零岁。以后，每过一年，他大一岁，他的儿子也大一岁。依差一定的表示法，得AB线。题上要求的是父年三倍于子年的时间，依倍数一定的表示法得OC线，两线相交于D。依交叉原理，D点所示的，便是合于题上的条件时，父子各人的年岁：父年三十九，子年十三。从三十五到三十九和从九到十三都是四，就是四年后父年正好是子年的三倍。"

当前，父年三十二岁，一子年六岁，一女年四岁，几年后，父的年岁与子女二人年岁的和相等？

马先生问我们这个题和前两题的不同之处，这是略一——我现在也敢说"略一"了，真是十分欣幸！——思索就知道的，父的年岁每过一年只增加一岁，而子女年岁的和每过一年却增加两岁。所以从现在起，父的年岁用 AB 线表示，而子女二人年岁的和用 CD 表示。

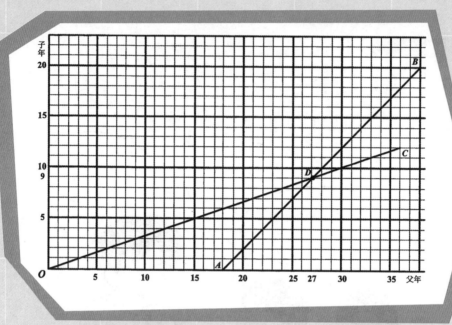

图 4

AB 和 CD 的交点 E，竖看是五十四，横看是二十二。从现在起，二十二年后，父年五十四岁，子年二十八岁，女年二十六岁，相加也是五十四岁。

至于本题的算法，图上显示得很清楚。CA 表示当前父的年岁同子女俩的年岁的差，往后看去，每过一年这差减少一岁，少到了零，便是所求的时间，所以：

$$[32 - (6 + 4)] \div (2 - 1) = 22$$

OA	OC		0-22	

[父年 －（子年＋女年）]÷（子女数－1）＝所求的年数

这题有没有别解，马先生不曾说，我也没有想过，而是王有道将它补出来的：

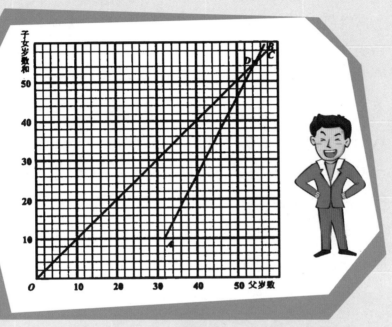

图5

　　AB线表示现在父的年岁同着子女俩的年岁，以后一面逐年增加一岁，而另一面增加二岁，OC表示两面相等，即一倍的关系。这都容易想出。只有AB线的A不在最末一条横线上，这是王有道的巧思，我只好佩服了。据王有道说，他第一次也把A点画在三十二的地方，结果不符。仔细一想，才知道错得十分可笑。原来那样画法，是表示父年三十二岁时，子女俩年岁的和是零。由此他想到子女俩的年岁的和是十，就想到A点应当在第五条横线上。虽是如此，我依然佩服！

13

当前，祖父八十五岁，长孙十二岁，次孙三岁，几年后祖父的年岁是两孙的三倍？

这例题是马先生留给我们做的，参照了王有道的补充前题的别解，我也由此得出它的图来了。因为祖父年八十五岁时，两孙共年十五岁，所以得 A 点。以后祖父加一岁，两孙共加两岁，所以得 AB 线。OC 是表示定倍数的。两线的交点 D，竖看得九十三，是祖父的年岁；横看得三十一，是两孙年岁的和。从八十五到九十三有八年，所以得知八年后祖年是两孙年的三倍。

我3岁。

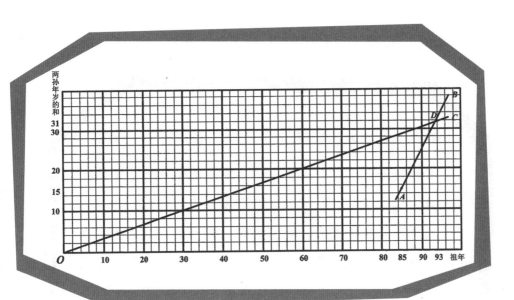

图 6

本题的算法，是我曾经从一本算学教科书上见到的：

$$[85 - (12+3) \times 3] \div (2 \times 3 - 1) = (85 - 45) \div 5 = 8$$

它的解释是这样：就当前说，两孙共年（12 + 3）岁，三倍是（12 + 3）×3，比祖父的年岁还少 [85 - （12 + 3）×3]，这差出来的岁数，就需由两孙每年比祖父多加的岁数来填足。两孙每年共加两岁，就三倍计算，共增加 2 × 3 岁，减去祖父增加的一岁，就是每年多加（2 × 3 - 1）岁，由此便得上面的计算法。

这算法能否由图上得出来，以及本题照前几例的第一种方法是否可解，我们没有去想，也不好意思去问马先生，因为这好像应当用点儿心自己回答，只得留待将来了。

10 鸟兽同笼问题

一听到马先生说："这次来讲鸟兽同笼问题。"我便知道是鸡兔同笼这一类了。

• 例一

鸡、兔同一笼共十九个头，五十二只脚，求鸡、兔各有几只？

不用说，这题目包含一个事实条件，鸡是两只脚，而兔是四只脚。

"依头数说，这是'和一定'的关系。"马先生一边说，一边画 *AB* 线。

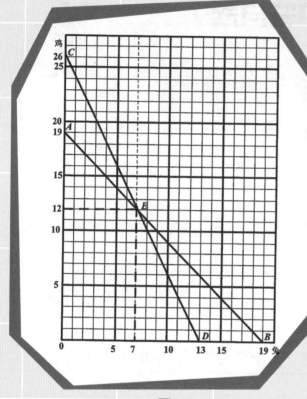

"但若就脚来说，两只鸡的才等于一只兔的，这又是'定倍数'的关系。假设全是兔，兔应当有十三只；假设全是鸡，就应当有二十六只。由此得 CD 线，两线交于 E。竖看得七只兔，横看得十二只鸡，这就对了。"

图 7

七只兔，二十八只脚，十二只鸡，二十四只脚，一共正好五十二只脚。

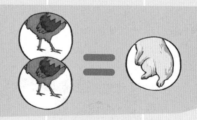

马先生说："这个想法和通常的算法正好相反，平常都是假设头数全是兔或鸡，是这样算的：

$$(4 \times 19 - 52) \div (4 - 2) = 12 \text{——鸡}$$
$$(52 - 2 \times 19) \div (4 - 2) = 7 \text{——兔}$$

"这里却假设脚数全是兔或鸡而得 CD 线，但试从下表一看，便没有什么想不通了。图中 E 点所示的一对数，正是两表中所共有的。

"就头说，总数是 19——AB 线上的各点所表示的：

鸡	兔
0	19
1	18
2	17
3	16
4	15
5	14
6	13
7	12
8	11
9	10
10	9
11	8
12	7
13	6
14	5
15	4
16	3
17	2
18	1
19	0

"就脚说，总数是 52——CD 线上各点所表示的：

鸡	兔
0	13
2	12
4	11
6	10
8	9
10	8
12	7
14	6
16	5
18	4
20	3
22	2
24	1
26	0

19

"一般的算法，自然不能由这图上推想出来，但中国的一种老算法，却从这图上看得清清楚楚，那算法是这样的：

　　将脚数折半，*OC* 所表示的，减去头数，*OA* 所表示的，便得兔的数目，*AC* 所表示的。"这类题，马先生说还可归到混合比例去算，以后拿这两种算法来比较，更有趣味，所以不多讲。

　　鸡兔同笼，是我国古代重要的数学著作《孙子算经》中记载的著名典型趣味问题。日本的"鹤龟算"便是由"鸡兔同笼"问题变化而来。

　　小三子替别人买邮票，要买四分和二分的各若干张，他将数目说反了，二块八角钱找回二角，原来要买的数目是多少？

　　"对比例一来看，这道题怎样？"马先生问。

　　"只有脚，没有头。"王有道很滑稽地说。

　　"不错！"马先生笑着说，"只能根据脚数表示两种张数的倍数关系。第一次的线怎么画？"

　　"全买四分的，共七十张；全买二分的，共一百四十张，得 AB 线。"王有道说。

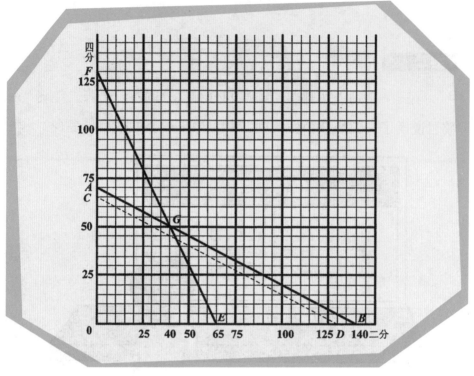

图 8

"第二次的呢？"

"全买四分的，共六十五张；全买二分的，共一百三十张，得 CD 线。"周学敏说。但是 AB、CD 没有交点，大家都呆着脸望着马先生。

马先生说："照几何上的讲法，两条线平行，它们的交点在无穷远，这次真是'差之毫厘，失之千里'了。小三子把别人的数弄反了，你们却把小三子的数弄倒了头了。"他将 CD 线画成 EF，得交点 G。横看，四分的五十张，竖看二分的四十张，总共恰好二元八角。

马先生要我们离开了图来想算法，给我们这样提示："假如别人另外给二元六角钱要小三子重新去买，这次他总算没有弄反。那么，这人各买到邮票多少张？"

不用说，前一次的差是么和二，这一次的便是二和么；前次的差是三和五，这次的便是五和三。这人的两种邮票的张数便一样了。

但是总共用了（2.8元+2.6元）钱，这是周学敏想到的。

每种一张共值（4分+2分），我提出这个意见。

跟着，算法就明白了。

$$（2.8^{元}+2.6^{元}）÷（4^{分}+2^{分}）=90——总张数$$
$$（4×90-280）÷（4-2）=40——二分的张分$$
$$90-40=50——四分的张分$$

11 分工合作

关于计算工作的题目，它对我来说一向是有点儿神秘感的。今天马先生一写出这个标题，我便很兴奋。

"我们先讲原理吧！"马先生说，"其实，拆穿西洋镜的原理也很简单。工作，只是劳力、时间和效果三项的关联。费了多少力气，经过若干时间，得到什么效果，所谓工作的问题，不过如此。想透了，和运动的问题毫无两样，速度就是所费力气的表现，时间不用说就是时间，而所走的距离，正是所得到的效果。"

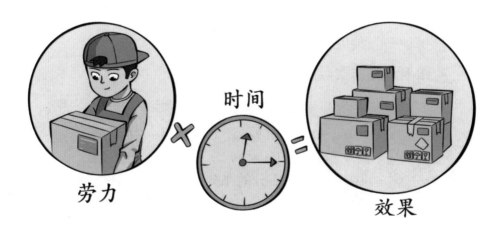

劳力 × 时间 = 效果

真奇怪！一经说明，我也觉得运动和工作是同一件事了，然而平时为什么想不到呢？

马先生继续说道："在等速运动中，基本的关系是：

"距离＝速度 × 时间。

"而在均一的工作中——所谓均一的工作，就是经过相同的时间，所做的工相等——基本的关系便是：

"工作总量＝工作效率 × 工作时间。

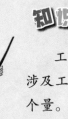

知识归纳

工程问题，通常指与工作相关的问题，涉及工作总量、工作效率、工作时间这三个量。计算此类题目时，把工作总量看成单位"1"。

"现在还是转到问题上去吧。"

· 例一

甲四日可完成的事，乙需十日才能完成。若两人合做，一天可完成多少？几天可以做完？

不用说，这题的作图和关于行路的，骨子里没有两样。我们所踌躇的，就是行路的问题中，距离有数目表示出来，这里却没有，应当怎样处理呢？但这困难马上就解决了，马先生说：

"全部工作就算1，无论用多长表示都可以。不过

我得10天才能完成。

为了易于观察，无妨用一小段作 1，而以甲、乙二人做工的日数 4 和 10 的最小公倍数 20 作为全部工作。试用竖的表示工作，横的表示日数——两小段 1 日——甲、乙各自的工作线怎么画？"

到了这一步，我们没有一个人不会画了。OA 是甲的工作线，OB 是乙的工作线。大家画好后争着给马先生看，其实他已知道我们都会画了，眼睛并不曾看到每个人的画上，尽管口里说"对的，对的"。大家回到座位上后，马先生便问："那么，甲、乙每人一日做多少工作？"

我 4 天就能完成。

招聘

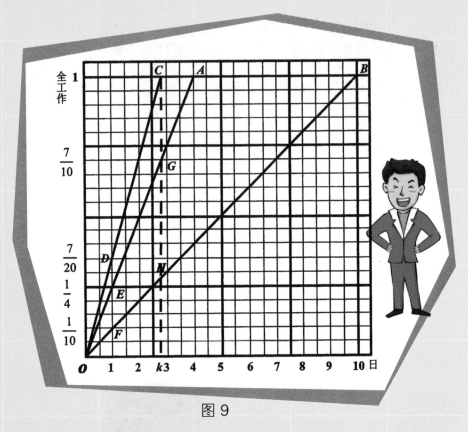

图 9

图上表示得很清楚，$1E$ 是四分之一，$1F$ 是十分之一。

"甲一天做四分之一，乙一天做十分之一。"差不多是全体同声回答。"现在就回到题目上来，两人合做一日，完成多少？"马先生问。

"二十分之七。"王有道回答。

"怎么知道的？"马先生望着他问。

"四分之一加上十分之一，就是二十分之七。"王有道说。

"这是算出来的，不行。"马先生说。这可把我们难住了。

马先生笑着说："人的事，往往如此，极容易的，常常

28

使人发呆，感到不知所措。——1E是甲一日完成的，1F是乙一日完成的，把1F接在1E上，得D点，1D不就是两人合做一日所完成的吗？"

不错，从D点横着一看，正是二十分之七。

"那么，试把OD连起来，并且引长到C，与OA、OB相齐。两人合做二日完成多少？"马先生问。

"二十分之十四。"我回答。

"就是十分之七。"周学敏加以修正。

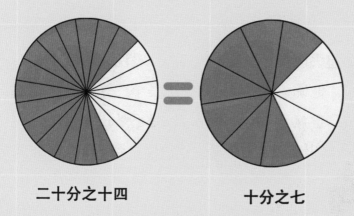

二十分之十四　　　　　　　　十分之七

"半斤自然是八两，现在我们倒不必管这个。"马先生说得周学敏有点儿难为情了，"几天可以完成？"

"三天不到。"王有道说。

"为什么？"马先生问。

"从C看下来是二又十分之八的样子。"王有道回答。

"为什么从C看下来就是呢？周学敏！"马先生指定他回答。

我倒有点儿替他着急，然而出乎意料，他立刻回答道：

"均一的工作，每天完成的工作量是一样的，所以若干天完成的工作量和一天完成的工作量，是'定倍数'的关系。OC线正表示这关系，C点又在表示全工作的横线上，所以OK便是所求的日数。"

"不错！讲得很透彻！"马先生非常满意。

周学敏进步得真快！下课后，因为钦敬他的进步，我便找他一起去散步。边散步，边谈，没说几句话，就谈到算学上去了。他说，感觉我这几天像是个"算学迷"，这样下去会成"算学疯子"的。不知道他是不是在和我开玩笑，不过这十几天，对于算学我深感舍弃不下，却是真情。我问他，为什么进步这么快，他却不承认有什么大的进步，我便说："有好几次，你回答马先生的问话，都完全正确，马先生不是也很满意吗？"

"这不过是听了几次讲以后，我就找出马先

生的法门来了。说来说去，不外乎三种关系：一、和一定；二、差一定；三、倍数一定。所以我就只从这三点上去想。"周学敏这样回答。

对于这回答，我非常高兴，但不免有点儿惭愧，为什么同样听马先生讲课，我却不会捉住这法门呢？而且我也有点儿怀疑："这法门一定灵吗？"

我便这样问他，他想了想："这我不敢说。不过，过去都灵就是了，抽空我们去问问马先生。"

我真是对数学着迷了，立刻就拉着他一同去。走到马先生的房里，他正躺在藤榻上冥想，手里拿着一把蒲扇，不停地摇，一见我们便笑着问道："有什么难题了！是不是？"

我看了周学敏一眼，周学敏说："听了先生这十几节课，觉得说来说去，总是'和一定''差一定''倍数一定'，是不是所有的问题都逃不出这三种关系呢？"

一、和一定；二、差一定；三、倍数一定。

马先生想了想："就问题的变化上说，自然是如此。"

这话我们不是很明白，他似乎看出来了，接着说："比如说，两人年岁的差一定，这是从他们一生下来就可以看出来的。又比如，走的路程和速度是定倍数的关系，这也是从时间的连续中看出来的。所以说就问题的变化上说，逃不出这三种关系。"

"为什么逃不出？"我大胆地提出疑问，心里有些忐忑。

"不是为什么逃不出，是我们不许它逃出。因为我们对于数量的处理，在算学中，只有加、减、乘、除四种方法。加法产生和，减法产生差，乘、除法产生倍数。"

我们这才明白了。后来又听马先生谈了些别的问题，我们就出来了。因为这段话是理解算学的基本，所以我补充在这里。现在回到本题的算法上去，这是没有经马先生讲解，我们都知道了的。

$$1 \div (\frac{1}{4} + \frac{1}{10}) = 2\frac{6}{7}$$

全工作	甲一日工作	乙一日工作	时间

马先生提示一个别解法，更是妙："把工作当成行路一般看待，那么，这问题便可看成甲从一端动身，乙从另一端动身，两人几时相遇一样。"

当然一样呀！我们不是可以把全部工作看成一长条，而甲、乙各从一端相向进行工作，如卷布一样吗？

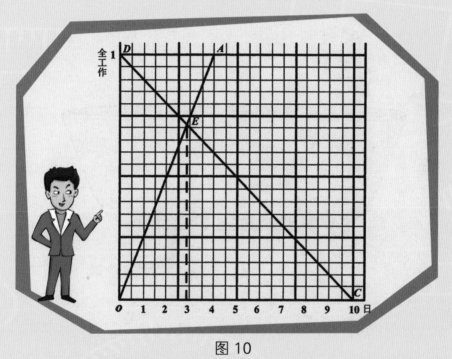

图 10

这一来，图解法和算法更是容易思索了。图中 OA 是甲的工作线，CD 是乙的，OA 和 CD 交于 E。从 E 看下来仍是二又十分之八多一点。

一水槽装有进水管和出水管各一支，进水管八点钟可流满，出水管十二点钟可流尽，若两管同时打开，几点钟可流满？

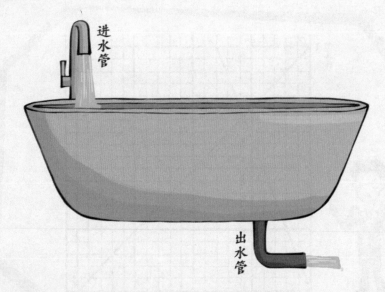

这题和例一的不同，就事实上一想便可明白，每点钟槽里储蓄的水量，是两水管流水量的差。而例一作图时，将 $1F$ 接在 $1E$ 上得 D，$1D$ 表示甲、乙工作的和。这里自然要从 $1E$ 截下 $1F$ 得 $1D$，表示两水管流水的差。流水就是水管在工作呀！所以 OA 是进水管的工作线，OB 是出水管的工作线，OC 便是它们俩的工作差，而表示定倍数的关系。由 C 点看下来得二十四点钟，算法如下：

$$1 \div (\frac{1}{8} - \frac{1}{12}) = 24$$

全工作　进水　　出水　　　时间

当然，这题也可以有一个别解。我们可以想象为：出水管距入水管有一定的路程，两人同时动身，进水管从后面追出水管，求什么时候能追上。*OA* 是进水管的工作线，1*C* 是出水管的工作线，它们相交于 *E*，横看过去正是二十四小时。

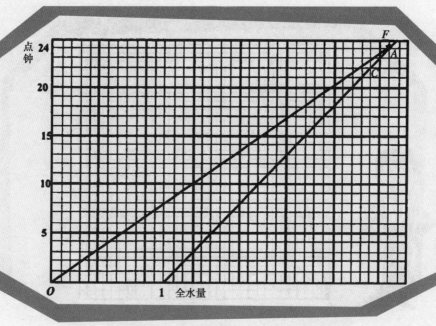

图 11

•例三

　　甲、乙二人合做十五日完工，甲一人做二十日完工，乙一人做几日完工？

图 12

"这只是由例一推衍的玩意儿,你们应当会做了。"结果马先生指定我画图和解释。

不过是例一的图中先有了 OA、OC 两条线而求画 OB 线,照前例,所取的 ED 应在 1 日的纵线上且应等于 1F。

依 ED 取 1F 便可得 F 点,连 OF 引长便得 OB。在我画图的时候,本是照这样在 1 日的纵线上取 1F 的。但马先生说,那里太窄了,容易画错,因为 OA 和 OC 间的纵线距离和同一纵线上 OB 到横线的距离总是相等的,所以无妨在其他地方取 F。

就图看去,在 10 这点,向上到 OA、OC,相隔正好是五小段。我就从 10 向上五小段取 F,连 OF 引长到与 C、A 相齐,竖看下来是 60。乙要做六十日才能做完。

对于这么大的答数,我有点儿放心不下,好在马先生没有说什么,我就认为对了。后来计算的结果,确实是要六十日才做完。

$$1 \div (\frac{1}{15} - \frac{1}{20}) = 60$$

全工作　合做　　　甲独做　　　乙独做

本题照别的解法做，那就和这样的题目相同：

——甲、乙二人由两地同时动身，相向而行，十五小时在途中相遇，甲走完全路需二十小时，乙走完全路需几小时？

先作 OA 表示甲的工作，再从十五时这点画纵线和 OA 交于 E 点，连 DE 引长到 C，便得六十日。

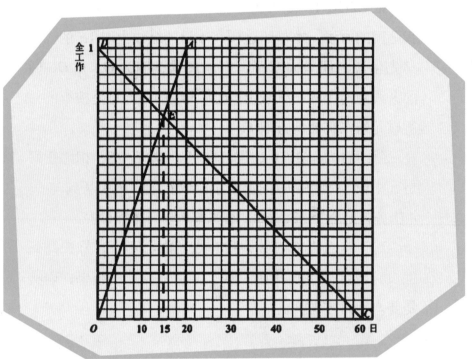

图 13

甲、乙、丙三人合做一工程，八日做完一半。由甲、乙二人继续，又是八日完成剩余的五分之三。再由甲一人独做，十二日完成。甲、乙、丙独做全工，各需几日？

马先生写完题，王有道随口说："越来越复杂。"

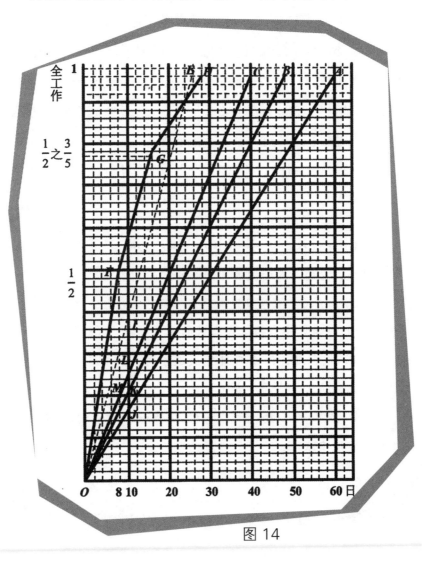

图 14

39

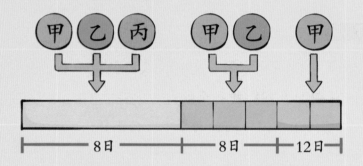

甲 乙 丙　　甲 乙　　甲

├——— 8日 ———┤├——— 8日 ——┤├ 12日 ┤

马先生听了含笑说："应当说越来越简单呀！"

大家都不说话，题目明明复杂起来了，马先生却说"应当说越来越简单"，岂非奇事。然而他的解说是："前面几个例题的解法，如果已经彻底明了了，这个题不就只是照抄老文章便可解决了吗？有什么复杂呢？"

这自然是没错的，不过抄老文章罢了！

（1）先依八日做完一半这个条件画 OF，是三人合做八日的工作线，也是三人合做的工作线的方向。

（2）由 F 起，依八日完成剩余工作的五分之三这个条件，作 FG，这便表示甲、乙二人合做的工作线的"方向"。

（3）由 G 起，依十二日完成这条件，作 GH，这便表示甲一人独做的工作线的"方向"。

（4）过 O 作 OA 平行于 GH，得甲一人独做的工作线，他要六十日才做完。

（5）过 O 作 OE 平行于 FG，这是甲、乙二人合做的工作线。

（6）在 10 这点的纵线和 OA 交于 J，和 OE 交于 I。照 $10J$ 的长，由 I 截下来得 K，连 OK 并且引长得 OB，就是乙一人独做的工作线，他要四十八日完成全工。

（7）在 8 这点的纵线和甲、乙合做的工作线 OE 交于 L，和三人合作的工作线 OF 交于 F。从 8 起在这纵线上截 $8M$ 等于 LF 的长，得 M 点。连 OM 并且引长得 OC，便是丙一人独做的工作线，他四十日就可完成全部工作了。

作图如此，算法也易于明白。

甲独做：

$$1 \div [(\frac{1}{2} - \frac{3}{5} \times \frac{1}{2}) \div 12] = 60$$

全工作　残余一半　甲乙合做的　　　　　日数
　　　　　　　　　甲一人一日的工作

乙独做：

$$1 \div (\frac{3}{5} \times \frac{1}{2} \div 8 - \frac{1}{60}) = 48$$

全工作　甲乙合作一日　甲做一日　日数

丙独做：

$$1 \div (\frac{1}{2} \div 8 - \frac{3}{5} \times \frac{1}{2} \div 8) = 40$$

全工作　三人合做一日　甲乙合做一日　日数

•例五

一工程，甲、乙合做三分之八日完成，乙、丙合做三分之十六日完成，甲、丙合做五分之十六日完成，一人独做各几日完成?

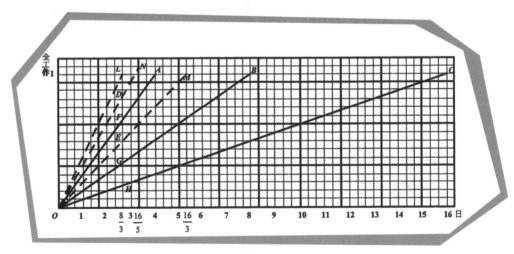

图 15

"这倒是真正地越来越复杂，老文章不好直抄了。"马先生说。"不管三七二十一，先把每两人合做的工作线画出来。"没有人回答，马先生接着说。

这自然是抄老文章，OL 是甲、乙的工作线，OM 是乙、丙的工作线，ON 是甲、丙的工作线，马先生叫王有道在黑板上画了出来。随手他将在 L 点的纵线和 ON、OM 的交点涂了涂，写上 D 和 E。

"LD 表示什么？"

"乙、丙的工作差。"王有道回答。

"好，那么从 E 在这纵线上截去 LD 得 G，$\frac{8}{3}$ 到 G 是什么？"

"乙的工作。"周学敏说。

"所以，连 OG 并且引长到 B，就是乙一人独做的工作线，他要八天完成。再从 G 起，截去一个 LD 得 H，$\frac{8}{3}$ 到 H 是什么？"

"丙的工作。"我回答。

"连 OH，引长到 C，OC 就是丙独自一人做的工作线，他完成全工作要十六天。"

"从 D 起截去 $\frac{8}{3}$ H 得 F，$\frac{8}{3}$ F 不用说是甲的工作。连结 OF，引长得 OA，这是甲一人独做的工作线。他要几天才能做完全部工程？"

"四天。"大家很高兴地回答。

这题的算法是如此：

甲独做：

$$1 \div [\,(\,\frac{3}{8} + \frac{3}{16} + \frac{5}{16}\,) \div 2 - \frac{3}{16}\,] = 4$$

甲乙一日的工作　甲丙一日做　　　　　日数

乙丙一日做　　　　乙丙一日做

甲乙丙一日做

乙独做：

$$1 \div (\,\frac{3}{8} - \frac{1}{4}\,) = 8$$

甲乙一日做　甲一日做　日数

丙独做：

$$1 \div (\,\frac{5}{16} - \frac{1}{4}\,) = 16$$

甲丙一日做　甲一日做　日数

马先生结束这一课说：

"这课到此为止。下堂课想把四则问题做一个结束，就是将没有讲到的还常见的题都讲个大概。你们也可提出觉得困难的问题来。其实四则问题，这个名词本不大妥当，全部算术所用的方法除了加、减、乘、除，还有什么？所以，全部算术的问题都是四则问题。"

12 归一法问题

上次马先生已说过，这次把"四则问题"做一个结束，而且要我们提出觉得困难的问题来。昨天一整个下午，便消磨在搜寻问题上。我约了周学敏一同商量，发现有许多计算法，马先生都不曾讲到，而在已讲过的方法中，也还遗漏了我觉得难解的问题，清算起来一共差不多二三十题。不知道怎样向马先生提出来，因此踌躇了半夜！

唉，马先生没讲过这道题。

是啊，我们问问马先生吧。

知识归纳

　　归一问题，是一种典型的应用题，指根据已知条件，求出"单位量"才能解决的问题。其中，"一"指"一个单位的量"。例如，单位面积的产量、单位时间的工作量、单位物品的价格、单位时间所行的距离等。至于解决归一问题的方法，就是"归一法"。

　　真奇怪！马先生好像已明白了我的心理，一走上讲台，便说："今天来结束所谓'四则问题'，先让你们把想要解决的问题都提出，我们再依次讨论下去。"这自然是给我一个提出问题的机会了。因为我想提的问题太多了，所以决定先让别人开口，然后再补充。结果有的说到归一法的问题，有的说到全部通过的问题……我所想到的问题已提出了十分之八九，只剩了十分之一二。

　　因为问题太多的缘故，这次马先生花费的时间确实不少。从"归一法的问题"到"七零八落"，这分节是我自己的意见，为的是便于检查。

　　按照我们提出的顺序，马先生从归一法开始，逐一讲下去。

倍比法

对于归一法的问题，马先生提出一个原理。

"这类题，本来只是比例的问题，但也可以反过来说，比例的问题本不过是四则问题。这是大家都知道的。王老大三十岁，王老五二十岁，我们就说他们两兄弟年岁的比是三比二或二分之三。其实这和王老大有法币十元，王老五只有二元，我们就说王老大的法币是王老五的五倍一样。王老大的年岁是王老五的二分之三倍，和王老大同王老五的年岁的比是二分之三，正是半斤和八两，只不过容貌不同罢了。"

"那么，归一法的问题当中，只是'倍数一定'的关系了？"我好像有了一个大发明似的问。自然，这是昨天得到了周学敏和马先生指示的结果。

"一点儿不错！既然抓住了这个要点，我们就来解答问题吧！"马先生说。

倍比法

一般来说，有些归一问题可以采取同类数量之间进行倍数比较的方法进行解答，这种方法叫作倍比法。

● 例一

工人 6 名，4 日吃 1 斗 2 升米，今有工人 10 名做工 10 日，吃多少米？

要点虽已懂得，下手却仍困难。马先生写好了题，要我们画图时，大家都茫然了。以前的例题，每个只含三个量，而且其中一个量总是由其他两个量依一定的关系产生的，所以是用横线和纵线各表示一个，从而依它们的关系画线。而本题有人数、日数、米数三个量，题目看上去容易，却不知道从何下手，只好呆呆地望着马先生了。

马先生看见大家的呆相，禁不住笑了起来："从前有个先生给学生批文章，因为这学生是个公子哥儿，批语要好看，但文章做得太坏，他于是只好批四个字'六窍皆通'。这个学生非常得意，其他同学见状，跑去质问先生。他回答说，人是有七窍的呀，六窍皆通，便是'一窍不通'了。"

这一来惹得大家哄堂大笑，但马先

48

生反而行若无事地继续说道："你们今天却真是'六窍皆通'的'一窍不通'了。既然抓住了要点，还有什么难呢？"

……仍是没有人回答。

"我知道，你们平常惯用横竖两条线，每一条表示一种量，现在碰到了三种量，这一窍却通不过来，是不是？其实拆穿西洋镜，一点儿不稀罕！题目上虽有三个量，何尝不可以只用两条线，而让其中一条线来兼差呢？工人数是一个量，米数又是一个量，米是工人吃掉的。至于日数不过表示每人多吃几餐罢了。这么一想，比如用横线兼表人数和日数，每6人一段，取4段不就行了吗？这一来纵线自然表示米数了。"

"由6人4日得B点，1斗2升在A点，连AB就得一条线。再由10人10日得D点，过D点画线平行于AB，交纵线于C。"

"吃多少米？"马先生画出了图问。

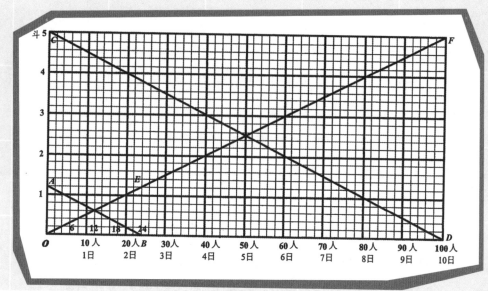

图 16

“五斗！”大家高兴地争着回答。

马先生在图上 6 人 4 日那点的纵线和 1 斗 2 升那点的横线相交的地方，作了一个 E 点，又连 OE 引长到 10 人 10 日的纵线，写上一 F，又问：“吃多少米？”大家都笑了起来，原来一条线也就行了。

至于这题的算法，就是先求出一人一日吃多少米，所以叫作“归一法”。

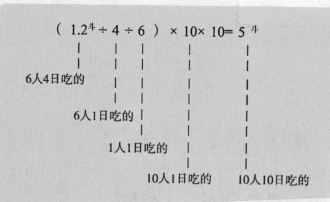

6人8日可做完的工事，8人几日可做完？

这题，马先生仍叫我们画图，我们仍是"六窍皆通"！依样画葫芦，6人8日的一条 OA 线，我们都能找到着落了。但另一条线呢！马先生！依然是靠着马先生！他叫我们随意另画一条 BC 横线——其实用纸上的横线也行——两头和 OA 在同一纵线上，于是从 B 起，每8人一段截到 C 为止，共是6段，便是6天可以做完。

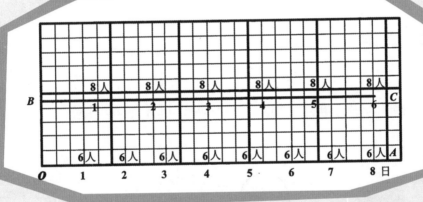

图 17

马先生说："这题倒不怪你们做不出，这个只是一种变通的做法，正规的画法留到讲比例时再说，因为这本是一个反比例的题目，和例一正比例的不同。所以就算法上说，也就显然相反。"

$$8 \times 6 \div 8 = 6^{日}$$

$\underbrace{}_{6人做}$ $\underbrace{}_{8人做}$

13 截长补短

说得文气一点儿，就是平均算。这是我们很容易明白的，根本上只是一加一除的问题，我本来不曾想到提出这类问题。既然有人提出，而且马先生也解答了，姑且放一个例题在这里。

•例一

上等酒二斤，每斤三角五分；中等酒三斤，每斤三角；下等酒五斤，每斤二角。三种相混，每斤值多少钱？

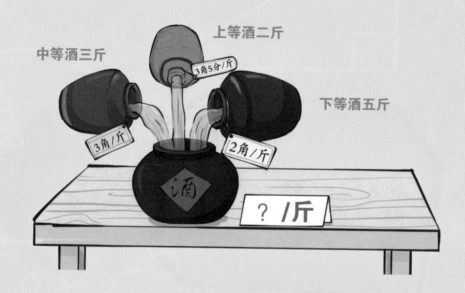

52

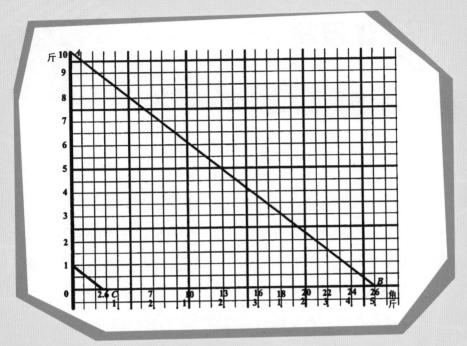

图 18

横线表示价钱，纵线表示斤数。

AB 线指出十斤酒一共的价钱，过指示一斤的这一点，作 $1C$ 平行于 AB 得 C，指示出一斤的价钱是二角六分。

至于算法，更是明白！

$$（3.5^角×2＋3^角×3＋2^角×5）÷（2＋3＋5）=2.6^角$$

上酒　　中酒　　下酒

总价　　　　　　总斤数

14 还原算

"因为三加五得八，所以八减去五剩三，而八减去三剩五。又因为三乘五得十五，所以三除十五得五，五除十五得三。这是小学生都已知道的了。说得神气活现些，那便是，加减法互相还原，乘除法也互相还原，这就是还原算的靠山。"马先生这样提出要点来以后，就写出了下面的例题。

•例一

某数除以 2，得到的商减去 5，再 3 倍，加上 8，得 20，求某数。

（某数÷2−5）×3+8=20

某数？

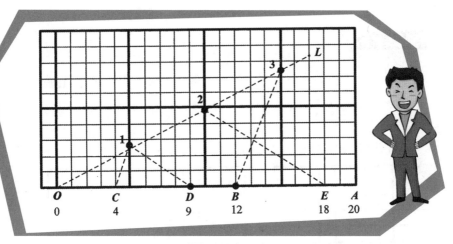

图 19

马先生说："这只要一条线就够了，至于画法，正和算法一样，不过是'倒行逆施'。"

自然，我们已能够想出来了。

(1) 取 OA 表 20。

(2) 从 A "反"向截去 8 得 B。

(3) 过 O 任画一直线 OL。从 O 起，在上面连续取相等的 3 段得 $O1$、12、23。

(4) 连 $3B$，作 $1C$ 平行于 $3B$。

(5) 从 C 起"顺"向加上 5 得 OD。

(6) 连 $1D$，作 $2E$ 平行于 $1D$，得 E 点，它指示的是 18。

这情形和计算时完全相同。

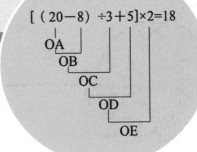

$$[（20-8)÷3+5]×2=18$$

某人有桃若干个，拿出一半多 1 个给甲，又拿出剩余的一半多 2 个给乙，还剩 3 个，求原有桃数。

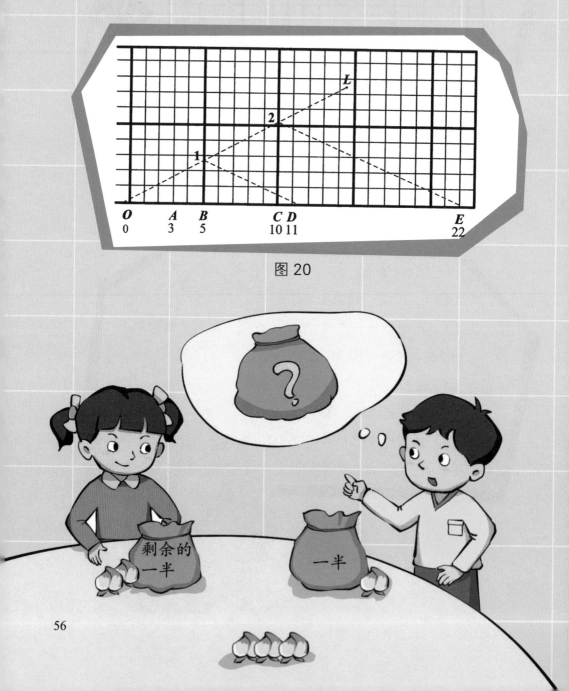

图 20

这和前题本质上没有区别，所以只将图和算法相对应地写出来！

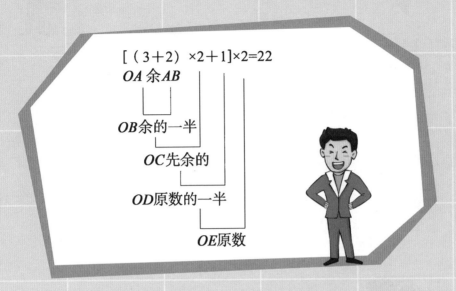

[（3＋2）×2＋1]×2=22

OA 余AB

OB余的一半

OC先余的

OD原数的一半

OE原数

15 五个指头四个叉

回答栽树的问题，马先生就只说："'五个指头四个叉'，你们自己去想吧！"其实呢，马先生也这样说："割鸡用不到牛刀，这类题，只要照题意画一个草图就可明白，不必像前面一样大动干戈了！"

● 例一

在 60 丈长的路上，从头到尾，每隔 2 丈种树一株，共种多少？

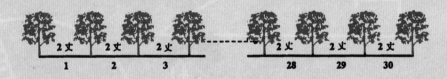

图 21

$$60 \div 2 + 1 = 31$$

•例二：

在 10 丈长的池周，每隔 2 丈立一根柱，共有几根柱？

2丈
2丈
2丈
2丈
2丈

图 22

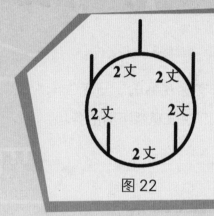

例二的路是首尾相接的，所以起首一根柱，也就是最后一根。

$$10 \div 2 = 5$$

•例三：

一丈二尺长的梯子，每段横木相隔一尺二寸，有几根横木？（两端用不到横木。）

$$12 \div 1.2 - 1 = 9$$

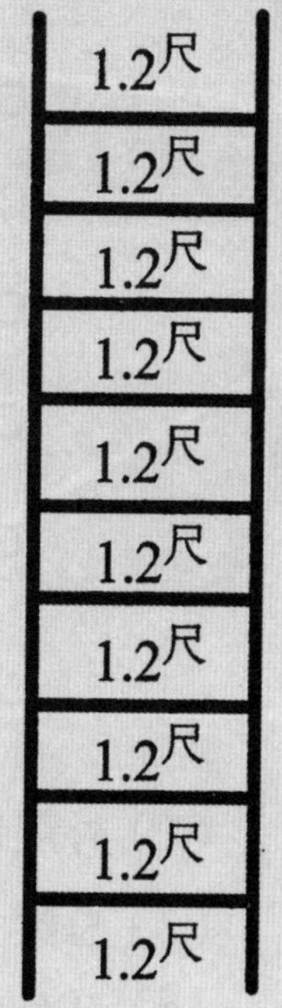

1.2尺
1.2尺
1.2尺
1.2尺
1.2尺
1.2尺
1.2尺
1.2尺
1.2尺
1.2尺

图 23

16 排方阵

这类题，也是可照题画图来实际观察的。马先生说为了彻底明白它的要点，各人先画一个图来观察下面的各项：

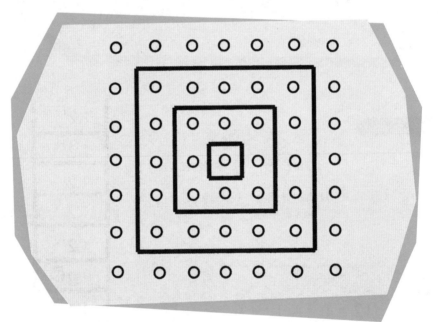

图 24

（1）外层每边多少人？（7）

（2）总数多少人？（7×7）

（3）从外向里第二层每边多少人？（5）

（4）从外向里第三层每边多少人？（3）

（5）中央多少人？（1）

（6）每相邻的两层每边依次少多少人？（2）

"这些就是方阵的秘诀。"马先生含笑说。

●例一

三层中空方阵，外层每边十一人，共有多少人？

除了上面的秘诀，马先生又说："这正用得着兵书上的话，'虚者实之，实者虚之'了。"

"先来'虚者实之'，看共有多少人？"马先生问。

"十一乘十一，一百二十一人。"周学敏回答。

"好！那么，再来'实者虚之'。外面三层，里面剩的顶外层是全方阵的第几层？"

"第四层。"也是周学敏回答。

"第四层每边是多少人？"

每层21人。

61

"第二层少2人，第三层少4人，第四层少6人，是5人。"
王有道说。

"计算各层每边的人数有一般的法则吗？"

"二层少一个2人，三层少两个2人，四层少三个2人，所以从外层数起，第某层每边的人数是：

外层每边的人数 −2人 ×（层数 −1）。"

"本题按照实心算，除去外边的三层，还有多少人？"

"五五二十五。"我回答。

这样一来，谁都会算了。

$$11 \times 11 - [11 - 2 \times (4-1)] \times [11 - 2 \times (4-1)] = 121 - 25 = 96$$

实阵人数　　　　　中心方阵人数　　　　　实际人数

•例二

有兵一队，正好排成方阵。后来减少十二排，每排正好添上30人，这队兵是多少人？

越来越糟，我简直是坠入迷魂阵了！

马先生在黑板上画出这一个图来，便一句话也不说，只是静悄悄地看着我们。自然！这是让我们自己思索，但是从

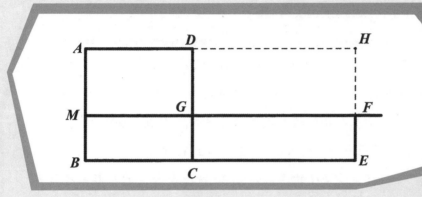

图 25

哪儿下手呢？

看了又看，想了又想，我只得到了这几点：

（1）ABCD 是原来的人数。

（2）MBEF 也是原来的人数。

（3）AMGD 是原来十二排的人数。

（4）GCEF 也是原来十二排的人数，还可以看成是三十乘"原来每排人数减去十二"的人数。

（5）DGFH 的人数是十二乘三十。

完了，我所能想到的，就只有这几点，但是它们有什么关系呢？

无论怎样我也想不出什么了！

周学敏还是值得我佩服的，在我百思不得其解的时候，他已算了出来。马先生就叫他讲给我们听。最初他所讲的，原只是我已想到的五点。接着，他便说明下去。

（6）因为 AMGD 和 GCEF 的人数一样，所以各加上 DGFH，人数也是一样，就是 AMFH 和 DCEH 的人数相等。

（7）AMFH 的人数是"原来每排人数加30"的12倍，也就是原来每排的人数的12倍加上12乘30人。

（8）DCEH 的人数却是30乘原来每排的人数，也就是原来每排人数的30倍。

（9）由此可见，原来每排人数的30倍与它的12倍相差的是12乘30人。

（10）所以，原来每排人数是 30×12÷（30－12），而全部的人数是：

$$[30 \times 12 \div (30-12)] \times [30 \times 12 \div (30-12)] = 400$$

可不是吗？400人排成方阵，恰好每排20人，一共20排，减少12排，便只剩8排，而减去的人数一共是240，平均添在8排上，每排正好加30人。为什么他会转这么一个弯儿，我却不会呢？

我真是又羡慕，又嫉妒啊！

17 全部通过

"全部通过"的要点

　　这是某君提出的问题。马先生对于我们提出这样的问题，好像非常诧异，他说："这不过是行程的问题，只需注意一个要点就行了。从前学校开运动会的时候，有一种运动，叫作什么障碍物竞走，比现在的跨栏要费事得多，除了跨一两次栏，还有撑竿跳高、跳浜、钻圈、钻桶，等等。钻桶，便是全部通过。桶的大小只能容一个人直着身子爬过，桶的长

1.2米

2米

短却比一个人长一点儿。我且问你们，一个人，从他的头进桶口起，到全身爬出桶止，他爬过的距离是多少？"

"桶长加身长。"周学敏回答。

"好！"马先生斩截地说，"这就是'全部通过'这类题的要点。"

●例一

长六十丈的火车，每秒行驶六十六丈，经过长四百零二丈的桥，自车头进桥，到车尾出桥，需要多长时间？

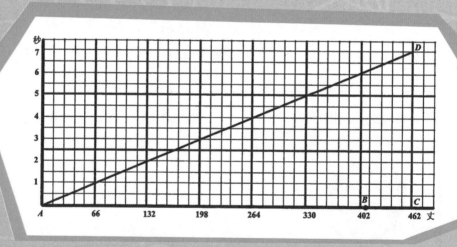

图 26

马先生将题写出后，便一边画图，一边讲：

"用横线表示距离，*AB* 是桥长，*BC* 是车长，*AC* 就是全部通过需要走的路程。"

"用纵线表示时间。"

"依照 1 和 66 '定倍数'的关系画 AD，从 D 横看过去，得 7，就是要走七秒钟。"

我且将算法补在这里：

（ $402^{丈}$ ＋ $60^{丈}$ ）÷ $66^{丈}$ ＝ $7^{秒}$

| AB | BC | | |
| 桥长 | 车长 | 速度 | 时间 |

知识归纳

火车过桥：

过桥时间＝（车长＋桥长）÷ 车速

　　有人见一列车驶入二百四十公尺长的山洞，车头入洞后八秒，车身全部入内，共经二十秒钟，车完全出洞，求车的速度和车长。

　　这题，最初我也想不透，但一经马先生提示，便恍然大悟了。

　　"列车全部入洞要八秒钟，不用说，从车头出洞到全部出洞也是要八秒钟了。"明白这一个关键，画图真是易如反掌啊！先以 AB 表示洞长，二十秒钟减去八秒，正是十二秒，这就是车头从入洞到出洞所经过的时间十二秒钟，因得 D 点，连 AD，就是列车的行进线。——引长到二十秒钟那点得 E。由此可知，列车每秒钟行二十公尺，车长 BC 是一百六十公尺。

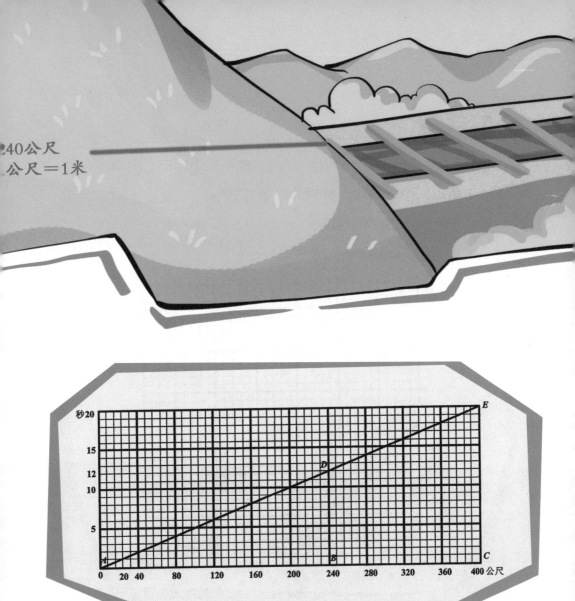

240公尺
1公尺＝1米

图 27

算法是这样：

$$240^{公尺} \div (20^{秒} - 8^{秒}) = 20^{公尺}$$ ——每秒的速度

$$20^{公尺} \times 8 = 160^{公尺}$$ ——列车的车长

• 例三

A、B 两列车，A 长九十二尺，B 长八十四尺，相向而行，从相遇到相离，经过二秒钟。若 B 车追 A 车，从追上到超过，经八秒钟，求各车的速度。

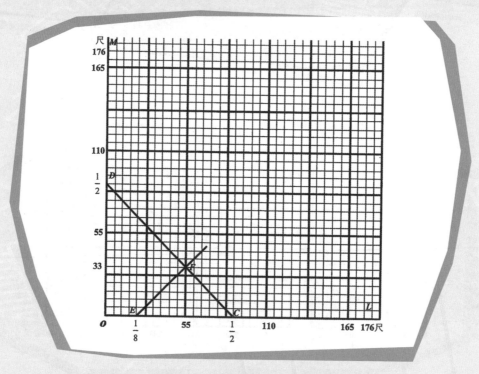

图 28

火车追及：

追及时间＝（甲车长＋乙车长＋距离）÷（甲车速—乙车速）

火车相遇：

相遇时间＝（甲车长＋乙车长＋距离）÷（甲车速＋乙车速）

因为马先生的指定，周学敏将这问题解释如下：

"第一，依'全部通过'的要点，两车所行的距离总是两车长的和，因而得 OL 和 OM。

"第二，两车相向而行，每秒钟共经过的距离是它们速度的和。因两车两秒钟相离，所以这速度的和等于两车长的和的二分之一，因而得 CD，表'和一定'的线。

"第三，两车同向相追，每秒钟所追上的距离是它们速度的差。因八秒钟追过，所以这速度的差等于两车长的和的八分之一，因而得 EF，表'差一定'的线。

"从 F 竖看得 55 尺，是 B 每秒钟的速度；横看得 33 尺，是 A 每秒钟的速度。"

经过这样的说明，算法自然容易明白了：

$$[（92^尺 + 84^尺）\div 2 + （92^尺 + 84^尺）\div 8] \div 2 = 55^尺$$

距离　　　速度和　　　　　速度差　　　　　　B每秒的速度

$$[（92^尺 + 84^尺）\div 2 - （92^尺 + 84^尺）\div 8] \div 2 = 33^尺$$

A每秒的速度

18 七零八落

大家所提到的，只剩下面三个面目各别的题了。

• 例一

有人自日出至午前十时行十九里一百二十五丈，自日落至午后九时，行七里一百四十丈，求昼长多少？

素来不皱眉头的马先生，听到这题时却皱眉头了。——这题真难吗？

似乎真是"眉头一皱，计上心来"一样，马先生对于他的皱眉头这样加以解释："这题的数目太啰唆，什么里咧、

丈咧，'纸上谈兵'，真是有点儿摆布不开。我来把题目改一下吧！——有人自日出至午前十时行十里，自日落至午后九时行四里，求昼长多少？

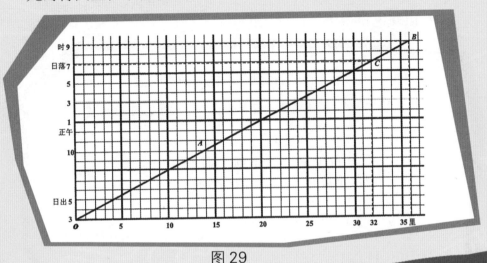

图 29

　　"这个题的要点，便是'从日出到正午，和自正午到日落，时间相等'。因此，用纵线表时间，我们无妨画十八小时，从午前三时到午后九时，那么正午前后都是九小时。既然从正午到日出、日落的时间一样，就可以假设这人是从午前三时走到午前十时，共走十四里，所以得表示行程的 *OA* 线。"

"午后九时走到三十六里,从日落到午后九时走的是四里,回到三十二里的地方,往上看,得 C 点。横看,得午后七时,可知日落是在午后七时,隔正午七小时,所以昼长是十四小时。"

由此也就得出了计算法:

$4^{里} \div 2^{里} = 2$——日落到午后九时的小时数

$(10^{里} + 4^{里}) \div (9 - 2) = 2^{里}$……每小时的速度

正午到午后九   午前十时到正
时的小数时   午的小数时

$(9 - 2)^{小时} \times 2 = 14^{小时}$

正午到日落的小时数   昼长

依样画葫芦,本题的计算如下:

$9 - 2$——从午前三时到十时的小时数

$(19^{里}125^{丈} + 7^{里}140^{丈}) \div (9 - 2) = 3^{里}145^{丈}$——每小时的速度

$7^{里}140^{丈} \div 3^{里}145^{丈} = 2$——从日落到午后九时的小时数

$(9 - 2)^{小时} \times 2 = 14^{小时}$——昼长

74

有一个两位数，其十位数字与个位数字交换位置后与原数的和为一百四十三，而原数减其倒转数则为二十七，求原数。

好难啊！

"用这个题来结束所谓四则问题，倒很好！"马先生在疲惫中显着兴奋，"我们暂且丢开本题，来观察一下两位数的性质。这也可以勉强算是一个科学方法的小演习，同时也是寻求解决问题——算学的问题自然也在内的门槛。"说完，他就列出了下面的表格：

原数	12	23	34	47	56
倒转数	21	32	43	74	65

"现在我们来观察，说是实验也无妨。"马先生说。

"原数和倒转数的和是什么？"

"33，55，77，121，121。"

"在这几个数中间你们看得出什么关系吗？"

"都是 11 的倍数。"

"我们可以说，凡是两位数同它的倒转数的和都是 11 的倍数吗？"

"……"没有人回答。

"再来看各是 11 的几倍？"

"3 倍，5 倍，7 倍，11 倍，11 倍。"

"这各个倍数和原数有什么关系吗？"

将它的各位数字顺序调换，如：123 的倒转数是 321。

我们大家静静地看了一阵，四五个人一同回答："原数数字的和是 3、5、7、11、11。"

"你们能找出其中的理由来吗？"

"12 是由几个 1、几个 2 合成的？" "十个 1，一个 2。"王有道回答。

"它的倒转数呢？"

"一个 1，十个 2。"周学敏说。

"那么，它俩的和中有几个 1 和几个 2？"

"11 个 1 和 11 个 2。"我也明白了。

"11 个 1 和 11 个 2，共有几个 11？"

"3 个。"许多人回答。

"我们可以说，凡是两位数与它的倒转数的和，都是 11 的倍数吗？"

"可——以——"我们真快活极了。

"我们可以说，凡是两位数与它的倒转数的和，都是它的数字和的 11 倍吗？"

"当然可以！"大家一齐回答。

"这是这类问题的一个要点，还有一个要点，是从差方面看出来的。你们去'发明'吧！"

当然，我们很快按部就班地就得到了答案！

"凡是两位数与它的倒转数的差，都是它的两数字差的九倍。"

有了这两个要点，本题自然迎刃而解了！

$$[（143 ÷ 11）+（27 ÷ 9）] ÷ 2 = 8（大数字）$$
$$⋮ \qquad\qquad ⋮$$
两数字的和　　两数字差
$$[（143 ÷ 11）-（27 ÷ 9）] ÷ 2 = 5（小数字）$$

因为题上说的是原数减其倒转数，原数中的十位数字应当大一些，所以原数是八十五。

八十五加五十八得一百四十三，而八十五减去五十八正是二十七，真巧！

19 韩信点兵

　　昨天马先生结束了四则问题以后，叫我们复习关于质数、最大公约数和最小公倍数的问题。晚风习习，我取了一本《开明算数教本》上册，阅读关于这些事项的第七章。从前学它的时候，是否感到困难，印象已经模糊了。现在要说"一点儿困难没有"，我不敢这样自信。不过，像从前遇见四则问题那样摸不着头脑，确实没有。也许其中的难点，我不曾发觉吧！怀着这样的心情，今天，到课堂去听马先生的讲演。

　　"我叫你们复习的，都复习过了吗？"马先生一走上讲台就问。

质数、最大公约数和最小公倍数，也没有那么难嘛！

知识归纳

质数

　　质数又叫作素数，有无穷个，指一个大于 1 的自然数，除了 1 和它本身外，不能被其他自然数整除，也就是说该数除了 1 和它本身以外不再有其他的因数。

　　最小的质数是 2。

"复习过了！"两三个人齐声回答。

"那么，有什么问题？"

每个人都是瞪大双眼，望着马先生，没有一个问题提出来。马先生在这静默中，看了全体一遍："学算学的人，大半在这一部分不会感到什么困难的，你们大概也不会有什么问题了。"

我不曾发觉什么困难，照这样说，自然是由于这部分问题比较容易的缘故。心里这么一想，就期待着马先生的下文。

"既然大家都没有问题，我且提出一个来问你们：这部分问题，我们也用画图来处理它吗？"

"那似乎可以不必了！"周学敏回答。

"似乎？可以就可以，不必就不必，何必'似乎'！"马先生笑着说。

"不必！"周学敏斩钉截铁地说。

"问题不在'必'和'不必'。既然有了这样一种法门，正可拿它来试试，看变得出什么花招来，不是也很有趣吗？"说完，马先生停了一停，再问，"这一部分所处理的材料是

79

些什么？"

当然，这是谁也答得上来的，大家抢着说："找质数。"

"分质因数。"

"求最大公约数和最小公倍数。"

"归根结底，不过是判定质数和计算倍数与约数——这只是一种关系的两面。12 是 6、4、3、2 的倍数，反过来看，6、4、3、2 便是 12 的约数了。"马先生这样结束了大家的话，而掉转话头："闲言少叙，言归正传。你们将横线每一大段当 1 表示倍数，纵线每一小段当 1 表示数目，画表示 2 的倍数和 3 的倍数的两条线。"

这只是"定倍数"的问题，已没有一个人不会画了。马先生在黑板上也画了一个图。

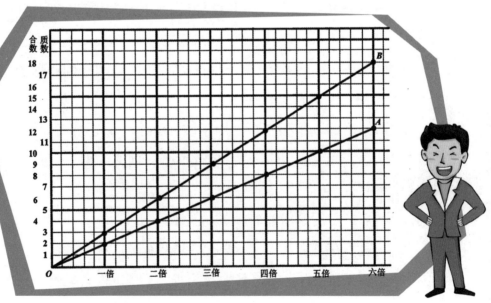

图 30

"从这图上，可以看出些什么来？"马先生问。

"2 的倍数是 2、4、6、8、10、12。"我答。

"3 的倍数是 3、6、9、12、15、18。"周学敏说。

"还有呢？"

"5、7、11、13、17 都是质数。"王有道答道。

"怎么看出来的？"这几个数都是质数，我本是知道的，但从图上怎么看出来的，我却茫然了。马先生这么一追问，真是"实获我心"了。

"OA 和 OB 两条线都没有经过它们，所以它们既不是 2 的倍数，也不是 3 的倍数……"说到这里，王有道突然停住了。

"怎样？"马先生问道。

"它们总是质数呀！"王有道很不自然地说。这一来大家都已发现，这里面一定有了漏洞，王有道大概已明白了。不期然而然地，大家一齐笑了起来。笑，我也是跟着笑的，不过我并未发现这漏洞。

"这没有什么可笑的。"马先生很郑重地说，"王有道，你回答的时候也有点儿迟

5、7、11、13、17 都是质数。

疑了，为什么呢？"

"由图上看来，它们都不是 2 和 3 的倍数，而且我知道它们都是质数，所以我那样说。但突然想到，25 既不是 2 和 3 的倍数，也不是质数，便疑惑起来了。"王有道这么一解释，我才恍然大悟，漏洞原来在这里。

马先生露出很满意的神气，接着说："其实这个判定法，本是对的，不过欠精密一点儿，你是上了图的当。假如图还可以画得详细些，你就不会这样说了。"

马先生叫我们另画一个较详细的图——图 31——将表示 2、3、5、7、11、13、17、19、23、29、31、37、41、43、47 各倍数的线都画出来。（这里的图，右边截去了一部分。）不用说，这些数都是质数。由图上，50 以内的合数当然可以很清楚地看出来。不过，我有点儿怀疑。——马先生原来是

但突然想到，25 既不是2和3的倍数，也不是质数。

你是上了图的当。

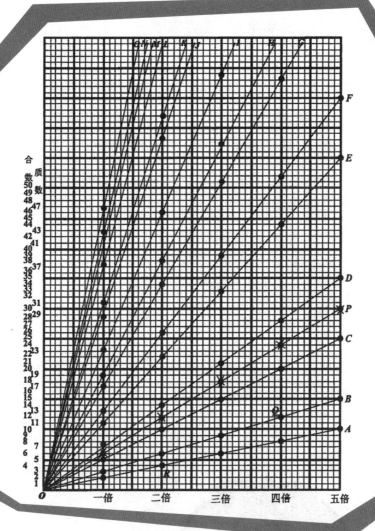

图 31

要我们从图上找质数，既然把表示质数的倍数的线都画了出来，还用得找什么质数呢？

马先生还叫我们画一条表示 6 的倍数的线，OP。他说："由这张图看，当然再不会说，不是 2 和 3 的倍数的，便是质数了。你们再用表示 6 的倍数的一条线 OP 作标准，仔细看一看。"

经过十多分钟的观察，我发现了：

"质数都比 6 的倍数少 1。"

"不错。"马先生说，"但是应得补充一句——除了 2 和 3。"
这确实是我不曾注意到的。"为什么 5 以上的质数都比 6 的
倍数少 1 呢？"周学敏提出了这样一个问题。

马先生叫我们回答，但没有人答得上来，他说："这
只是事实问题，不是为什么的问题。换句话说，便是整数
的性质本来如此，没有原因。"对于这个解释，大家好像
都有点儿莫名其妙，没有一个人说话。马先生接着说："一
点儿也不稀罕！你们想一想，随便一个数，用 6 去除，结
果怎样呢？"

"有的除得尽，有的除不尽。"周学敏说。

"除得尽的就是 6 的倍数，当然不是质数。除不尽的呢？"

没有人回答，我也想得到有的是质数，如 23；有的不是

哈哈
我发现了。

质数都比 6 的倍数少 1

质数，如 25。马先生见没有人回答，便这样说："你们想想看，一个数用 6 去除，若除不尽，它的余数是什么？"

"1，例如 7。"周学敏说。

"5，例如 17。"另一个同学说。

"2，例如 14。"又是一个同学。

"4，例如 10。"其他两个同学同时说。

"3，例如 21。"我也想到了。

"没有了。"王有道来一个结束。

"很好！"马先生说，"用 6 除剩 2 的数，有什么数可把它除尽吗？"

"2。"我想它用 6 除剩 2，当然是个偶数，可用 2 除得尽。

"那么，除了剩 4 的呢？"

"一样！"我高兴地说。

"除了剩 3 的呢？"

"3！"周学敏快速地说。

"用 6 除了剩 1 或 5 的呢？"

这我也明白了。5 以上的质数既然不能用 2 和 3 除得尽，当然也不能用 6 除得尽。用 6 去除不是剩 1 便是剩 5，都和 6 的倍数差 1。

不过马先生又另外提出一个问题：

"5 以上的质数都比 6 的倍数差 1，掉转头来，可不可以这样说呢？——比 6 的倍数差 1 的都是质数？"

"不！"王有道说，"例如 25 是 6 的 4 倍多 1，35 是 6 的 6 倍少 1，都不是质数。"

"这就对了！"马先生说，"所以你刚才用不是 2 和 3 的倍数来判定一个数是质数，是不精密的。"

"马先生！"我的疑问始终不能解释，趁他没有说下去，我便问："由作图的方法，怎样可以判定一个数是不是质数呢？"

"刚才画的线都是表示质数的倍数的，你们会想到，这不能用来判定质数。但是如果从画图的过程看，就可明白了。首先画的是表示 2 的倍数的线 *OA*，由它，你们可以看出哪些数不是质数？"

"4、6、8……一切偶数。"我答道。

"接着画表示 3 的倍数的线 *OB* 呢？"

"6、9、12……"一个同学说。

"4 既然不是质数，上面一个是 5，第三就画表示 5 的倍数的线 *OC*。"这一来又得出它的倍数 10、15……再依次上去，6 已是合数，所以只好画表示 7 的倍数的线 *OD*。接着，8、9、10 都是合数，只好画表示 11 的倍数的线 *OE*。照这样做下去，把合数渐渐地淘汰了，所画的线所表示的不全都是质数的倍数吗？——这个图，我们无妨叫它质数图。"

"我还是不明白，用这张质数图，怎样判定一个数是否是质数。"我跟着发问。

"这真叫作百尺竿头，只差一步了！"马先生很诚恳地说，"你试举一个合数与一个质数出来。"

"15 与 37。"

"从 15 横看过去，有些什么数的倍数？"

"3 的和 5 的。"

"从 37 横着看过去呢？"

"没有！"我已懂得了。在质数图上，由一个数横看过去，若有别的数的倍数，它自然是合数；一个也没有的时候，它就是质数。不只这样，例如 15，还可知道它的质因数是 3 和 5。

最简单的，6 含的质因数是 2 和 3。马先生还说，用这个质数图把一个合数分成质因数，也是容易的。这法则是这样：

●例一

将 35 分成质因数的积。

由 35 横看到 D 得它的质因数，有一个是 7，往下看是 5，它已是质数，所以

$$35 = 7 \times 5$$

本来，若是这图的右边没有截去，7 和 5 都可由图上直接看出来的。

• 例二

将 12 分成质因数的积。

由 12 横看得 Q，表示 3 的 4 倍。4 还是合数，由 4 横看得 R，表示 2 的 2 倍，2 已是质数，所以

$$12=3 \times 2 \times 2=3 \times （2+2）$$

关于质数图的作法，以及用它来判定一个数是否是质数，用它来将一个合数拆成质因数的积，我们都已明白了。马先生提出求最大公约数的问题。前面说过的既然已明了，这自然是迎刃而解的了。

• 例三

求 12、18 和 24 的最大公约数。

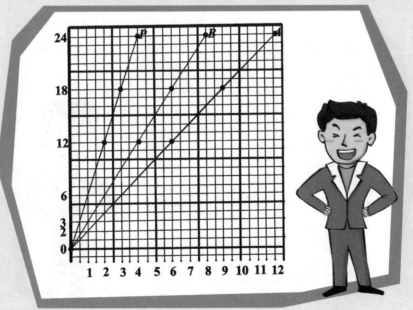

图 32

从质数图上，如图 32，我们可以看出 24、18 和 12 都有约数 2、3 和 6。它们都是 24、18、12 的公约数，而 6 就是所求的最大公约数。

"假如不用质数图，怎样由画图法找出这三个数的最大公约数呢？"马先生问王有道。他一边思索，一边用手指在桌上画来画去，后来他这样回答：

"把最小一个数以下的质数找出来，再画出表示这些质数的倍数的线。由这些线上，就可看出各数所含的公共质因数。它们的乘积，就是所求的最大公约数。"

• 例四

求 6、10 和 15 的最小公倍数。

图 33

依照前面各题的解法，本题是再容易不过了。*OA*、*OB*、*OC* 相应地表示 6、10、15 的倍数。*A*、*B* 和 *C* 同在 30 的一条横线上，30 便是所求的最小公倍数。

•例五

某数，三个三个地数，剩一个；五个五个地数，剩两个；七个七个地数，也剩一个，求某数。

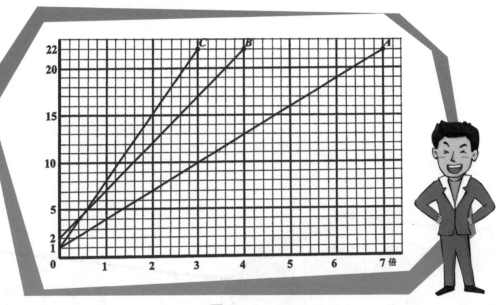

图 34

马先生写好了这个题，叫我们讨论画图的方法。自然，这不是很难，经过一番讨论，我们就画出图 34 来。1*A*、2*B*、1*C* 各线分别表示 3 的倍数多 1，5 的倍数多 2，7 的倍数多 1。而这三条线都经过 22 的线上，22 即是所求的。——马先生说，这是最小的一个，加上 3、5、7 的公倍数，都合题。——不是吗？22正是3的7倍多1，5的4倍多2，7的3倍多1。

　　"你们由画图的方法，总算把答案求出来了，但是算法是什么呢？"马先生这一问，却把我们难住了。先是有人说是求它们的最小公倍数，这当然不对，3、5、7的最小公倍数是105呀！后来又有人说，从它们的最小公倍数中减去3，除所余的1。也有人说减去5，除所余的2，自然都不是。从图上仔细看去，也毫无结果。最终只好去求教马先生了。他见大家都束手无策，便开口道："这本来是咱们中国的一个老题目，它还有一个别致的名称——韩信点兵。它的算法，有诗一首：三人同行七十稀，五树梅花廿一枝，七子团圆月正半，除百零五便得知。你们懂得这诗的意思吗？"

　　"不懂！不懂！"许多人都说。

　　于是马先生加以解释："这也和'无边落木萧萧下'的

谜一样。三人同行七十稀，是说 3 除所得的余数用 70 去乘它。五树梅花廿一枝，是说 5 除所得的余数，用 21 去乘。七子团圆月正半，是说 7 除所得的余数用 15 去乘。除百零五便得知，是说把上面所得的三个数相加，加得的和若大于 105，便把 105 的倍数减去。因此得出来的，就是最小的一个数。好！你们依照这个方法将本题计算一下。"下面就是计算的式子：

奇怪！对是对了，但为什么呢？周学敏还找了一个题

$$1 \times 70 + 2 \times 21 + 1 \times 15 = 70 + 42 + 15 = 127$$

$$127 - 105 = 22$$

"三三数剩二，五五剩三，七七数剩四"来试：

53 正是 3 的 17 倍多 2，5 的 10 倍

$$2\times70+3\times21+4\times15=140+63+60=263$$
$$263-105\times2=263-210=53$$

多 3，7 的 7 倍多 4。真奇怪！但是为什么？对于这个疑问，马先生说，把上面的式子改成下面的形式就明白了。

"这三个式子，可以说是同一个数的三种解释：（1）表

$$
\begin{aligned}
(1)\,2\times70+3\times21+4\times15 &= 2\times(69+1)+3\times21+4\times15\\
&= 2\times23\times3+2\times1+3\times7\times3+4\times5\times3\\
&= (2\times23+3\times7+4\times5)\times3+2\times1\\
(2)\,2\times70+3\times21+4\times15 &= 2\times70+3\times(20+1)+4\times15\\
&= 2\times14\times5+3\times4\times5+3\times1+4\times3\times5\\
&= (2\times14+3\times4+4\times3)\times5+3\times1\\
(3)\,2\times70+3\times21+4\times15 &= 2\times70+3\times21+4\times(14+1)\\
&= 2\times10\times7+3\times3\times7+4\times2\times7+4\times1\\
&= (2\times10+3\times3+4\times2)\times7+4\times1
\end{aligned}
$$

明它是 3 的倍数多 2；（2）表明它是 5 的倍数多 3；（3）表明它是 7 的倍数多 4。这不是正和题目所给的条件相合吗？"

马先生说完了，王有道似乎已经懂得，但又有点儿怀疑的样子。他踌躇了一阵，向马先生提出这么一个问题：

像本题，三个除数都很简单，70、21、15 都容易推出来。

　　"用 70 去乘 3 除所得的余数，是因为 70 是 5 和 7 的公倍数，又是 3 的倍数多 1。用 21 去乘 5 除所得的余数，是因为 21 是 3 和 7 的公倍数，又是 5 的倍数多 1。用 15 去乘 7 除所得的余数，是因为 15 是 5 和 3 的公倍数，又是 7 的倍数多 1。这些我都明白了。但，这 70，21 和 15 怎么找出来的呢？"

　　"5 和 7 的最小公倍数是什么？"

　　"35。"一个同学回答。

　　"3 除 35，剩多少？"

　　"2——"另一个同学说道。

　　"注意！我们所要的是 5 和 7 的公倍数，同时又是 3 的倍数多 1 的一个数。35 当然不是，将 2 去乘它，得 70，既是 5 和 7 的公倍数，又是 3 的倍数多 1。至于 21 和 15，情形也相同。不过 21 已是 3 和 7 的公倍数，又是 5 的倍数多 1；15 已是 5 和 3 的公倍数，又是 7 的倍数多 1，所以用不到再把什么数都去乘它了。"

　　最后，他还补充一句："我提出这个题的原意，是要你们知道，它的形式虽和求最小公倍数的题相同，实质上却是两回事，必须要加以注意。"

　　"分数是什么？"这是马先生今天的第一句话。

20 话说分数

"是许多个小单位聚合成的数。"周学敏回答。

"你还可以说得明白点儿吗?"马先生问。

"例如 $\frac{3}{5}$,就是 3 个 $\frac{1}{5}$ 聚合成的,$\frac{1}{5}$ 对于 1 做单位说,是一个小单位。"周学敏说。

"好!这也是一种说法,而且是比较实用的。照这种说法,怎样用线段表示分数呢?"马先生问。

"和表示整数一样,不过用表示 1 的线段的若干分之 1 做单位罢了。"王有道这样回答以后,马先生叫他在黑板上作出图来。其实,这是以前无形中用过的。

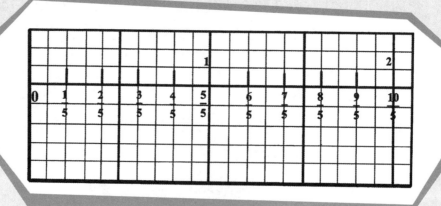

图 35

"分数是什么？还有另外的说法没有？"马先生等王有道回到座位坐好以后问。经过好几分钟，还是没有人回答，他又问："$\frac{4}{2}$是多少？"

"2！"谁都知道。

"$\frac{18}{3}$呢？"

"6。"大家一同回答，心里都好像以为这只是不成问题的问题。

"$\frac{1}{2}$呢？"

"0.5。"周学敏回答。

"$\frac{1}{4}$呢？"

"0.25。"还是周学敏回答的。

"你们回答的这些数，分数的值，怎么来的？"

"自然是除得来的哟。"依然是周学敏。

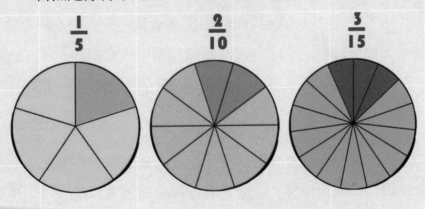

"自然！自然！"马先生说，"就顺了这个自然，我说，

除来的。

分数是表示两个数相除而未除所成的数，可不可以？"

"……"想着，当然是可以的，但没有一个人回答。大概他们和我一样，觉得有点儿拿不稳吧，只好由马先生自己回答了。

"自然可以，而且在理论上，更合适——分子是被除数，分母便是除数。本来，也就是因为两个整数相除，不一定除得干净，在除不尽的场合，如 $13 \div 5 = 2 \cdots\cdots 3$，不但说起来啰唆，用起来更大大地不方便，急中生智，才造出这个 $\dfrac{13}{5}$ 来。"

这样一来，变成用两个数连合起来表示一个数了。马先生说，就因为这样，分数又有一种用线段表示的方法。他说

用横线表示分母，用纵线表示分子，叫我们找 $\frac{1}{2}$、$\frac{2}{4}$、$\frac{3}{6}$ 各点。

我们得出了 A_1、A_2 和 A_3，连起来就得直线 OA。他又叫

我们找 $\frac{3}{5}$、$\frac{6}{10}$ 两点，连起来得直线 OB 如图。

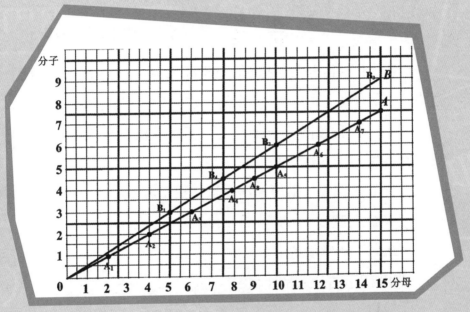

图 36

"$\frac{1}{2}$、$\frac{2}{4}$、和 $\frac{3}{6}$ 的值是一样的吗？"马先生问。

"一样的！"我们回答。

"表 $\frac{1}{2}$、$\frac{2}{4}$、$\frac{3}{6}$ 的各点 A_1、A_2、A_3，都在一条直线上，

由这线上，还能找出其他分数来吗？"大家争着，你一句，

我一句地回答：

"$\dfrac{4}{8}$。" "$\dfrac{5}{10}$。" "$\dfrac{6}{12}$。" "$\dfrac{7}{14}$。"

"这些分数的值怎样？"

"都和 $\dfrac{1}{2}$ 的相等。"周学敏很快回答，我也是明白的。

"再就 *OB* 线看，有几个同值的分数？"

"三个，——$\dfrac{3}{5}$、$\dfrac{6}{10}$、$\dfrac{9}{15}$。"几乎是全体同时回答。

"不错！这样看来，表同值分数的点，都在一条直线上。反过来，一条直线上的各点所指示的分数是不是都是同值的呢？"

"……"我想回答一个"是"字，但找不出理由来，最终没有回答，别人也只是低着头想。

"你们试在线上随便指出一点来试试看。"

"*A*8。"我说。

"*B*₄。"周学敏说。

"*A*8 指示的分数是什么？"

"$\dfrac{4\frac{1}{2}}{9}$。"王有道回答。马先生说，这是一个繁分数，叫我们将它化简来看。

$$\dfrac{4\frac{1}{2}}{7\frac{1}{2}} = \dfrac{\frac{9}{2}}{\frac{15}{2}} = \dfrac{9}{15} = \dfrac{3}{5}$$

*B*₄ 所指示的分数，依样画葫芦，我们得出：

$$\dfrac{4\frac{1}{2}}{9} = \dfrac{\frac{9}{2}}{9} = \dfrac{9}{2} \times \dfrac{1}{9} = \dfrac{1}{2}$$

"由这样看来，对于前面的问题，我们可不可以回答一个'是'字呢？"马先生郑重地问。就因为他问得很郑重，所以没有人回答。

　　"我来一个自问自答吧！"马先生说，"可以，也不可以。"惹得大家哄堂大笑。"不要笑，真是这样。实际上，本是如此，所以你回答一个'是'字，别人绝不能提出反证来。不过，在理论上，你现在没有给它一个充分的证明，所以你回答一个'不可以'，也是你虚心求稳。——我得结束一句，再过一年，你们学完了平面几何，就会给它一个证明了。"

　　接着，马先生又提醒我们，将这图从左看到右，又从右看到左。先是：$\frac{1}{2}$ 变成 $\frac{2}{4}$、$\frac{3}{6}$、$\frac{4}{8}$、$\frac{5}{10}$、$\frac{6}{12}$、$\frac{7}{14}$；而 $\frac{1}{5}$ 变成 $\frac{2}{10}$、$\frac{3}{15}$，它们正好表示扩分的变化——用同数乘分子和分母。后来，正相反，$\frac{7}{14}$、$\frac{6}{12}$、$\frac{5}{10}$、$\frac{4}{8}$、$\frac{2}{4}$ 都变成 $\frac{1}{2}$；而 $\frac{3}{15}$、$\frac{2}{10}$ 都变成 $\frac{1}{5}$。它们恰好表示约分的变化——用同数除分子和分母。啊！多么简单、明了，且趣味丰富啊！谁说算学是呆板、枯燥、没生趣的呀？

　　用这种方法表示分数，它的效用就此可叹为观止了吗？不！还有更浓厚的趣味哩。

第一，是通分，马先生提出下面的例题。

•例一

化 $\frac{3}{4}$、$\frac{5}{6}$ 和 $\frac{3}{8}$ 为同分母的分数。

图 37

这个问题的解决，真是再轻松不过了。我们只依照马先生的吩咐，画出表示这三个分数 $\frac{3}{4}$、$\frac{5}{6}$ 和 $\frac{3}{8}$ 的三条线，——OA、OB 和 OC，马上就看出来 $\frac{3}{4}$ 扩分可成 $\frac{18}{24}$，$\frac{5}{6}$ 可成 $\frac{20}{24}$，而 $\frac{3}{8}$ 可成 $\frac{9}{24}$，正好分母都是 24，真是简单极了。

第二，比较分数的大小。

就用上面的例子和图，便可说明白。把三个分数，化成了同分母的，因为

$$\frac{20}{24} > \frac{18}{24} > \frac{9}{24} \quad \text{所以知道,} \quad \frac{5}{6} > \frac{3}{4} > \frac{3}{8}。$$

这个结果，图上显示得非常清楚，OB 线高于 OA 线，OA 线高于 OC 线，无论这三个分数的分母是否相同，这个事实绝不改变，还用得着通分吗？

照分数的性质说，分子相同的分数，分母越大的值越小。这一点，图上显示得更清楚了。

第三，这是普通算术书上不常见到的，就是求两个分数间，有一定分母的分数。

•例二

求 $\frac{5}{8}$ 和 $\frac{7}{18}$ 中间，分母为 14 的分数。

先画表示 $\frac{5}{8}$ 和 $\frac{7}{18}$ 的两条直线 OA 和 OB，由分母 14 这一点往上看，处在 OA 和 OB 间的，分子的数是 6（C_1）、7（C_2）和 8（C_3）。这三点所表的分数是 $\frac{6}{14}$、$\frac{7}{14}$、$\frac{8}{14}$，便是所求的。

$$\frac{5}{8} > \frac{?}{14} > \frac{7}{18}$$

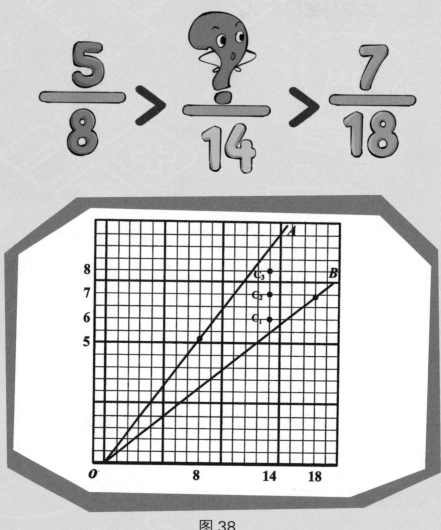

图 38

　　不是吗？这多么直截了当啊！马先生叫我们用算术的计算法来解这个问题，以相比较。我们共同讨论一下，得出一个要点，先通分。因为这一来好从分子的大小，决定各分数。

通分的结果，8、14 和 18 的最小公倍数是 504，而 $\frac{5}{8}$ 变成 $\frac{315}{504}$，$\frac{7}{18}$ 变成 $\frac{196}{504}$，所求的分数就在 $\frac{315}{504}$ 和 $\frac{196}{504}$ 中间，分母是 504，分子比 196 大，比 315 小。

"这还不够。"王有道发表了意见，"因为题上所要求的，限于 14 做分母的分数。公分母 504 是 14 的 36 倍，分子必须是 36 的倍数，才约得成 14 做分母的分数。"这个意见当然很对，而且也是本题要点之一。依照这个意见，我们找出在 196 和 315 中间，36 的倍数，只有 216（6 倍）、252（7 倍）和 288（8 倍）三个。而：

$$\frac{216}{504} = \frac{6}{14}, \quad \frac{252}{504} = \frac{7}{14}, \quad \frac{288}{504} = \frac{8}{14}$$

与前面所得的结果完全相同，但步骤却繁琐得多。

马先生还提出一个计算起来比这更繁琐的题目，但由作图法解决，真不过是"举手之劳"。

求分母是10和15中间各整数的分数，分数的值限于在0.6和0.7中间。

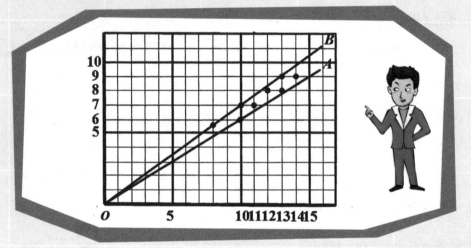

图 39

图中 OA 和 OB 两条直线，分别表示 $\dfrac{6}{10}$ 和 $\dfrac{7}{10}$。因此所求的各分数，就在它们中间，分母限于 11、12、13 和 14 四个数。

由图上，一眼就可以看出来，所求的分数只有下面五个：

$$\dfrac{7}{11},\ \dfrac{8}{12},\ \dfrac{8}{13},\ \dfrac{9}{13},\ \dfrac{9}{14}$$